I0480884

CAHIER
D'exercices

Multiplication et Division

MULTIPLICATION

$$\begin{array}{r} 3 \\ \times\ 3 \\ \hline \end{array}$$

$$\begin{array}{r} 3 \\ \times\ 2 \\ \hline \end{array}$$

$$\begin{array}{r} 3 \\ \times\ 4 \\ \hline \end{array}$$

$$\begin{array}{r} 3 \\ \times\ 5 \\ \hline \end{array}$$

$$\begin{array}{r} 1 \\ \times\ 4 \\ \hline \end{array}$$

$$\begin{array}{r} 2 \\ \times\ 4 \\ \hline \end{array}$$

$$\begin{array}{r} 2 \\ \times\ 1 \\ \hline \end{array}$$

$$\begin{array}{r} 5 \\ \times\ 3 \\ \hline \end{array}$$

$$\begin{array}{r} 4 \\ \times\ 2 \\ \hline \end{array}$$

$$\begin{array}{r} 2 \\ \times\ 5 \\ \hline \end{array}$$

$$\begin{array}{r} 4 \\ \times\ 4 \\ \hline \end{array}$$

$$\begin{array}{r} 4 \\ \times\ 3 \\ \hline \end{array}$$

$$\begin{array}{r} 2 \\ \times\ 2 \\ \hline \end{array}$$

$$\begin{array}{r} 1 \\ \times\ 3 \\ \hline \end{array}$$

$$\begin{array}{r} 5 \\ \times\ 5 \\ \hline \end{array}$$

MULTIPLICATION

	3		4		4
×	1	×	5	×	1

	2		1		5
×	3	×	2	×	2

	1		5		1
×	1	×	4	×	5

	5		3		2
×	1	×	1	×	3

	2		5		2
×	2	×	4	×	2

MULTIPLICATION

$$\begin{array}{r} 4 \\ \times\ 2 \\ \hline \end{array}$$

$$\begin{array}{r} 1 \\ \times\ 5 \\ \hline \end{array}$$

$$\begin{array}{r} 3 \\ \times\ 4 \\ \hline \end{array}$$

$$\begin{array}{r} 5 \\ \times\ 3 \\ \hline \end{array}$$

$$\begin{array}{r} 3 \\ \times\ 2 \\ \hline \end{array}$$

$$\begin{array}{r} 3 \\ \times\ 3 \\ \hline \end{array}$$

$$\begin{array}{r} 2 \\ \times\ 4 \\ \hline \end{array}$$

$$\begin{array}{r} 3 \\ \times\ 3 \\ \hline \end{array}$$

$$\begin{array}{r} 5 \\ \times\ 2 \\ \hline \end{array}$$

$$\begin{array}{r} 2 \\ \times\ 4 \\ \hline \end{array}$$

$$\begin{array}{r} 4 \\ \times\ 4 \\ \hline \end{array}$$

$$\begin{array}{r} 4 \\ \times\ 2 \\ \hline \end{array}$$

$$\begin{array}{r} 3 \\ \times\ 3 \\ \hline \end{array}$$

$$\begin{array}{r} 3 \\ \times\ 2 \\ \hline \end{array}$$

$$\begin{array}{r} 1 \\ \times\ 2 \\ \hline \end{array}$$

MULTIPLICATION

4	4	5
× 1	× 3	× 3

4	3	1
× 4	× 4	× 3

4	5	3
× 3	× 3	× 2

4	1	3
× 5	× 2	× 1

3	1	5
× 2	× 2	× 1

MULTIPLICATION

2	2	3
× 3	× 2	× 4

3	4	4
× 5	× 2	× 1

4	4	2
× 2	× 3	× 2

4	1	4
× 3	× 3	× 5

4	3	3
× 2	× 4	× 2

MULTIPLICATION

3	2	4
× 4	× 2	× 3
....	....	....
4	2	1
× 5	× 2	× 3
....	....	....
3	3	4
× 3	× 2	× 2
....	....	....
3	5	1
× 1	× 2	× 3
....	....	....
2	3	1
× 2	× 1	× 2
....	....	....

MULTIPLICATION

$$\begin{array}{r} 2 \\ \times\ 1 \\ \hline \end{array}$$
....

$$\begin{array}{r} 1 \\ \times\ 4 \\ \hline \end{array}$$
....

$$\begin{array}{r} 2 \\ \times\ 3 \\ \hline \end{array}$$
....

$$\begin{array}{r} 4 \\ \times\ 3 \\ \hline \end{array}$$
....

$$\begin{array}{r} 4 \\ \times\ 4 \\ \hline \end{array}$$
....

$$\begin{array}{r} 3 \\ \times\ 3 \\ \hline \end{array}$$
....

$$\begin{array}{r} 1 \\ \times\ 2 \\ \hline \end{array}$$
....

$$\begin{array}{r} 1 \\ \times\ 1 \\ \hline \end{array}$$
....

$$\begin{array}{r} 5 \\ \times\ 4 \\ \hline \end{array}$$
....

$$\begin{array}{r} 3 \\ \times\ 2 \\ \hline \end{array}$$
....

$$\begin{array}{r} 2 \\ \times\ 2 \\ \hline \end{array}$$
....

$$\begin{array}{r} 1 \\ \times\ 3 \\ \hline \end{array}$$
....

$$\begin{array}{r} 2 \\ \times\ 5 \\ \hline \end{array}$$
....

$$\begin{array}{r} 3 \\ \times\ 4 \\ \hline \end{array}$$
....

$$\begin{array}{r} 4 \\ \times\ 1 \\ \hline \end{array}$$
....

MULTIPLICATION

4 × 5	4 × 2	2 × 4
5 × 5	3 × 1	3 × 5
5 × 3	5 × 2	1 × 5
5 × 1	4 × 2	3 × 4
5 × 2	1 × 1	3 × 5

MULTIPLICATION

3 × 4	3 × 2	3 × 4
4 × 3	3 × 4	4 × 5
3 × 2	4 × 5	5 × 2
5 × 3	2 × 5	4 × 3
1 × 3	1 × 3	3 × 1

MULTIPLICATION

3 × 3	5 × 4	4 × 1
2 × 3	5 × 2	4 × 3
2 × 1	4 × 4	5 × 2
4 × 3	3 × 2	3 × 5
4 × 3	3 × 3	4 × 4

MULTIPLICATION

5 × 3	2 × 5	2 × 2
1 × 3	2 × 3	4 × 2
3 × 4	1 × 2	4 × 5
3 × 3	2 × 3	3 × 1
3 × 5	3 × 4	4 × 5

MULTIPLICATION

```
    4          4          2
  × 3        × 5        × 2
  ─────      ─────      ─────
  ........    ........    ........

    2          1          2
  × 5        × 1        × 3
  ─────      ─────      ─────
  ........    ........    ........

    3          5          1
  × 4        × 4        × 3
  ─────      ─────      ─────
  ........    ........    ........

    3          4          5
  × 2        × 2        × 3
  ─────      ─────      ─────
  ........    ........    ........

    3          3          2
  × 4        × 3        × 5
  ─────      ─────      ─────
  ........    ........    ........
```

MULTIPLICATION

$$\begin{array}{r} 7 \\ \times\ 9 \\ \hline \end{array}$$

$$\begin{array}{r} 5 \\ \times\ 10 \\ \hline \end{array}$$

$$\begin{array}{r} 8 \\ \times\ 7 \\ \hline \end{array}$$

$$\begin{array}{r} 8 \\ \times\ 9 \\ \hline \end{array}$$

$$\begin{array}{r} 7 \\ \times\ 5 \\ \hline \end{array}$$

$$\begin{array}{r} 9 \\ \times\ 10 \\ \hline \end{array}$$

$$\begin{array}{r} 8 \\ \times\ 10 \\ \hline \end{array}$$

$$\begin{array}{r} 10 \\ \times\ 8 \\ \hline \end{array}$$

$$\begin{array}{r} 7 \\ \times\ 8 \\ \hline \end{array}$$

$$\begin{array}{r} 6 \\ \times\ 10 \\ \hline \end{array}$$

$$\begin{array}{r} 9 \\ \times\ 6 \\ \hline \end{array}$$

$$\begin{array}{r} 10 \\ \times\ 9 \\ \hline \end{array}$$

$$\begin{array}{r} 5 \\ \times\ 6 \\ \hline \end{array}$$

$$\begin{array}{r} 9 \\ \times\ 8 \\ \hline \end{array}$$

$$\begin{array}{r} 10 \\ \times\ 5 \\ \hline \end{array}$$

MULTIPLICATION

9 × 5	5 × 8	6 × 5
9 × 7	10 × 7	5 × 9
6 × 6	6 × 7	7 × 7
8 × 6	9 × 9	7 × 6
10 × 6	10 × 10	6 × 8

MULTIPLICATION

7 × 10	8 × 5	8 × 8
5 × 7	6 × 9	5 × 5
5 × 9	9 × 7	9 × 5
7 × 6	8 × 8	6 × 5
7 × 9	9 × 7	6 × 10

MULTIPLICATION

6 × 9	6 × 9	10 × 9
6 × 7	6 × 9	7 × 9
9 × 6	5 × 6	8 × 9
8 × 7	8 × 7	9 × 7
7 × 8	7 × 8	7 × 7

MULTIPLICATION

6 × 7	9 × 9	6 × 7
5 × 9	5 × 6	8 × 6
6 × 7	5 × 6	5 × 5
8 × 5	5 × 7	7 × 7
8 × 9	8 × 6	8 × 7

MULTIPLICATION

10 × 8	7 × 6	7 × 6
9 × 9	6 × 10	5 × 6
9 × 7	7 × 5	8 × 10
6 × 7	8 × 7	8 × 7
6 × 9	7 × 9	6 × 9

MULTIPLICATION

$$7 \times 9$$

$$5 \times 10$$

$$8 \times 7$$

$$8 \times 9$$

$$7 \times 5$$

$$9 \times 10$$

$$8 \times 10$$

$$10 \times 8$$

$$7 \times 8$$

$$6 \times 10$$

$$9 \times 6$$

$$10 \times 9$$

$$5 \times 6$$

$$9 \times 8$$

$$10 \times 5$$

MULTIPLICATION

9 × 5	5 × 8	6 × 5
9 × 7	10 × 7	5 × 9
6 × 6	6 × 7	7 × 7
8 × 6	9 × 9	7 × 6
10 × 6	10 × 10	6 × 8

MULTIPLICATION

7 × 10	8 × 5	8 × 8
5 × 7	6 × 9	5 × 5
5 × 9	9 × 7	9 × 5
7 × 6	8 × 8	6 × 5
7 × 9	9 × 7	6 × 10

MULTIPLICATION

6 × 9	6 × 9	10 × 9
6 × 7	6 × 9	7 × 9
9 × 6	5 × 6	8 × 9
8 × 7	8 × 7	9 × 7
7 × 8	7 × 8	7 × 7

MULTIPLICATION

6 × 7	9 × 9	6 × 7
5 × 9	5 × 6	8 × 6
6 × 7	5 × 6	5 × 5
8 × 5	5 × 7	7 × 7
8 × 9	8 × 6	8 × 7

MULTIPLICATION

$$10 \times 8$$

$$7 \times 6$$

$$7 \times 6$$

$$9 \times 9$$

$$6 \times 10$$

$$5 \times 6$$

$$9 \times 7$$

$$7 \times 5$$

$$8 \times 10$$

$$6 \times 7$$

$$8 \times 7$$

$$8 \times 7$$

$$6 \times 9$$

$$7 \times 9$$

$$6 \times 9$$

MULTIPLICATION

15 × 12	13 × 12	13 × 11
14 × 13	14 × 11	14 × 12
10 × 13	11 × 13	11 × 12
12 × 10	11 × 10	12 × 11
12 × 12	15 × 11	13 × 13

MULTIPLICATION

12	10	14
× 15	× 11	× 14

13	12	12
× 14	× 14	× 13

10	13	11
× 10	× 10	× 11

10	14	15
× 14	× 10	× 13

11	10	13
× 15	× 12	× 15

MULTIPLICATION

10	14	11
× 15	× 15	× 14

15	15	15
× 15	× 14	× 10

12	15	15
× 13	× 11	× 11

14	12	12
× 13	× 11	× 10

10	13	10
× 12	× 10	× 11

MULTIPLICATION

10	14	14
× 11	× 11	× 11

12	14	13
× 15	× 11	× 14

12	11	13
× 11	× 11	× 14

12	12	13
× 12	× 15	× 11

13	10	12
× 12	× 10	× 11

MULTIPLICATION

10	13	12
× 11	× 12	× 13

11	11	11
× 13	× 15	× 12

10	11	10
× 14	× 13	× 11

12	15	12
× 11	× 12	× 13

11	13	14
× 14	× 14	× 12

MULTIPLICATION

14 × 12	11 × 12	10 × 11
13 × 13	14 × 11	15 × 14
10 × 14	11 × 15	11 × 11
14 × 14	14 × 12	14 × 11
13 × 15	12 × 13	15 × 14

MULTIPLICATION

12 × 14	14 × 12	11 × 15
13 × 13	10 × 12	10 × 14
11 × 13	12 × 13	14 × 15
12 × 11	12 × 12	11 × 12
13 × 11	10 × 10	13 × 15

MULTIPLICATION

| 14 | 14 | 13 |
| × 13 | × 11 | × 10 |

| 10 | 13 | 10 |
| × 13 | × 12 | × 15 |

| 12 | 11 | 12 |
| × 10 | × 10 | × 15 |

| 11 | 14 | 13 |
| × 11 | × 10 | × 14 |

| 10 | 14 | 11 |
| × 11 | × 14 | × 14 |

MULTIPLICATION

14	11	13
× 13	× 11	× 14

12	10	11
× 13	× 12	× 12

14	10	14
× 13	× 10	× 15

11	12	11
× 13	× 15	× 12

13	14	11
× 11	× 12	× 13

MULTIPLICATION

13	11	13
× 14	× 15	× 14

12	13	13
× 12	× 11	× 14

11	13	13
× 11	× 14	× 10

13	13	12
× 15	× 13	× 13

13	10	13
× 11	× 14	× 14

MULTIPLICATION

13 × 12	13 × 10	13 × 14
12 × 10	11 × 15	10 × 11
11 × 10	14 × 13	10 × 15
12 × 13	11 × 13	12 × 12
12 × 10	11 × 12	14 × 14

MULTIPLICATION

13 × 11	11 × 13	13 × 13
12 × 10	11 × 12	14 × 13
13 × 10	14 × 14	11 × 14
11 × 12	11 × 12	11 × 12
12 × 12	11 × 12	13 × 13

MULTIPLICATION

20 × 12	18 × 13	15 × 11
16 × 11	14 × 12	14 × 11
17 × 11	17 × 13	17 × 14
19 × 11	16 × 14	19 × 13
17 × 12	15 × 12	18 × 10

MULTIPLICATION

20 × 13	14 × 15	18 × 12
18 × 11	16 × 12	15 × 13
15 × 15	20 × 11	15 × 14
14 × 14	20 × 10	19 × 12
16 × 13	18 × 14	17 × 15

MULTIPLICATION

20 × 15	17 × 10	20 × 14
19 × 15	16 × 10	19 × 14
16 × 15	15 × 10	18 × 15
14 × 13	19 × 10	14 × 10
19 × 15	18 × 10	18 × 10

MULTIPLICATION

17	18	16
× 11	× 14	× 14

15	15	18
× 12	× 14	× 12

19	19	17
× 12	× 13	× 15

17	19	17
× 11	× 12	× 13

16	15	16
× 10	× 15	× 14

MULTIPLICATION

20	16	16
× 13	× 13	× 12

16	20	17
× 11	× 13	× 11

15	16	18
× 11	× 11	× 11

18	16	16
× 12	× 12	× 12

20	16	18
× 11	× 12	× 11

MULTIPLICATION

16	14	15
× 12	× 11	× 15

14	16	15
× 12	× 15	× 14

19	14	15
× 12	× 11	× 11

19	17	20
× 14	× 13	× 15

15	15	20
× 12	× 14	× 13

MULTIPLICATION

18 × 16	14 × 19	15 × 16
18 × 19	15 × 15	15 × 19
17 × 20	20 × 20	20 × 18
19 × 17	18 × 15	17 × 17
16 × 17	18 × 17	15 × 18

MULTIPLICATION

18 × 18	16 × 16	19 × 16
20 × 16	16 × 18	18 × 20
20 × 17	19 × 18	19 × 15
16 × 19	14 × 16	19 × 19
20 × 19	16 × 15	17 × 19

MULTIPLICATION

14 × 20	17 × 15	20 × 15
19 × 20	17 × 16	16 × 20
14 × 17	15 × 17	14 × 18
17 × 18	14 × 15	15 × 20
16 × 19	16 × 18	14 × 19

MULTIPLICATION

17 × 16	16 × 20	19 × 16
18 × 16	15 × 17	15 × 18
18 × 16	17 × 17	19 × 18
15 × 20	15 × 19	17 × 16
19 × 16	16 × 20	15 × 15

MULTIPLICATION

16	15	15
× 16	× 19	× 16

16	17	16
× 17	× 18	× 17

16	17	19
× 17	× 19	× 17

14	19	16
× 16	× 19	× 16

18	19	19
× 16	× 18	× 18

MULTIPLICATION

20 × 19	16 × 17	15 × 19
16 × 20	15 × 16	17 × 17
14 × 15	14 × 15	19 × 18
16 × 18	19 × 18	17 × 19
16 × 19	18 × 16	16 × 17

DIVISION

0 ÷ 10 = ...

0 ÷ 9 = ...

10 ÷ 5 = ...

3 ÷ 3 = ...

5 ÷ 5 = ...

0 ÷ 6 = ...

8 ÷ 4 = ...

4 ÷ 4 = ...

6 ÷ 6 = ...

0 ÷ 9 = ...

7 ÷ 7 = ...

6 ÷ 3 = ...

0 ÷ 10 = ...

0 ÷ 6 = ...

8 ÷ 2 = ...

0 ÷ 7 = ...

DIVISION

$3 \div 3 =$ ....

$5 \div 5 =$ ....

$6 \div 3 =$ ....

$6 \div 1 =$ ....

$0 \div 10 =$ ....

$0 \div 10 =$ ....

$8 \div 4 =$ ....

$0 \div 8 =$ ....

$0 \div 7 =$ ....

$0 \div 4 =$ ....

$7 \div 1 =$ ....

$0 \div 7 =$ ....

$0 \div 6 =$ ....

$9 \div 9 =$ ....

$4 \div 4 =$ ....

$9 \div 1 =$ ....

DIVISION

$0 \div 10 =$ ....

$4 \div 4 =$ ....

$0 \div 7 =$ ....

$6 \div 2 =$ ....

$0 \div 4 =$ ....

$0 \div 8 =$ ....

$6 \div 6 =$ ....

$0 \div 8 =$ ....

$0 \div 3 =$ ....

$4 \div 4 =$ ....

$0 \div 7 =$ ....

$6 \div 6 =$ ....

$0 \div 5 =$ ....

$9 \div 3 =$ ....

$10 \div 1 =$ ....

$0 \div 9 =$ ....

DIVISION

$4 \div 2 =$ ....

$4 \div 4 =$ ....

$0 \div 8 =$ ....

$6 \div 6 =$ ....

$9 \div 3 =$ ....

$0 \div 6 =$ ....

$0 \div 8 =$ ....

$0 \div 10 =$ ....

$8 \div 8 =$ ....

$8 \div 8 =$ ....

$6 \div 3 =$ ....

$4 \div 4 =$ ....

$0 \div 9 =$ ....

$0 \div 9 =$ ....

$2 \div 2 =$ ....

$0 \div 6 =$ ....

DIVISION

0 ÷ 4 = ...

0 ÷ 5 = ...

10 ÷ 5 = ...

7 ÷ 7 = ...

8 ÷ 1 = ...

3 ÷ 3 = ...

3 ÷ 3 = ...

0 ÷ 3 = ...

6 ÷ 2 = ...

8 ÷ 4 = ...

6 ÷ 1 = ...

0 ÷ 8 = ...

0 ÷ 9 = ...

5 ÷ 5 = ...

5 ÷ 5 = ...

8 ÷ 2 = ...

DIVISION

$0 \div 8 =$ ....

$5 \div 5 =$ ....

$0 \div 9 =$ ....

$0 \div 9 =$ ....

$0 \div 10 =$ ....

$0 \div 7 =$ ....

$4 \div 1 =$ ....

$3 \div 3 =$ ....

$0 \div 7 =$ ....

$0 \div 6 =$ ....

$0 \div 7 =$ ....

$0 \div 9 =$ ....

$0 \div 7 =$ ....

$0 \div 6 =$ ....

$8 \div 4 =$ ....

$0 \div 8 =$ ....

DIVISION

6 ÷ 6 = ...

8 ÷ 4 = ...

9 ÷ 9 = ...

6 ÷ 3 = ...

5 ÷ 5 = ...

0 ÷ 7 = ...

0 ÷ 10 = ...

0 ÷ 10 = ...

2 ÷ 2 = ...

7 ÷ 7 = ...

8 ÷ 2 = ...

0 ÷ 7 = ...

6 ÷ 6 = ...

6 ÷ 2 = ...

9 ÷ 1 = ...

0 ÷ 8 = ...

DIVISION

$0 \div 10 =$ ....

$6 \div 3 =$ ....

$0 \div 8 =$ ....

$5 \div 5 =$ ....

$0 \div 10 =$ ....

$9 \div 9 =$ ....

$0 \div 2 =$ ....

$0 \div 5 =$ ....

$0 \div 6 =$ ....

$10 \div 1 =$ ....

$8 \div 8 =$ ....

$10 \div 10 =$ ....

$1 \div 1 =$ ....

$0 \div 10 =$ ....

$0 \div 3 =$ ....

$0 \div 9 =$ ....

DIVISION

12 ÷ 3 = ...

14 ÷ 2 = ...

9 ÷ 9 = ...

20 ÷ 2 = ...

8 ÷ 8 = ...

8 ÷ 8 = ...

15 ÷ 5 = ...

15 ÷ 5 = ...

8 ÷ 8 = ...

12 ÷ 6 = ...

12 ÷ 4 = ...

7 ÷ 7 = ...

16 ÷ 8 = ...

18 ÷ 9 = ...

12 ÷ 4 = ...

12 ÷ 4 = ...

DIVISION

14 ÷ 7 = ...

6 ÷ 6 = ...

12 ÷ 6 = ...

14 ÷ 7 = ...

20 ÷ 5 = ...

18 ÷ 2 = ...

10 ÷ 5 = ...

15 ÷ 3 = ...

18 ÷ 9 = ...

12 ÷ 2 = ...

16 ÷ 4 = ...

18 ÷ 6 = ...

10 ÷ 10 = ...

12 ÷ 3 = ...

9 ÷ 9 = ...

14 ÷ 7 = ...

DIVISION

14 ÷ 7 = ...

8 ÷ 4 = ...

9 ÷ 9 = ...

16 ÷ 8 = ...

15 ÷ 5 = ...

16 ÷ 4 = ...

12 ÷ 2 = ...

8 ÷ 8 = ...

18 ÷ 6 = ...

12 ÷ 4 = ...

10 ÷ 5 = ...

8 ÷ 8 = ...

16 ÷ 4 = ...

8 ÷ 8 = ...

18 ÷ 6 = ...

10 ÷ 10 = ...

DIVISION

16 ÷ 4 =

16 ÷ 8 =

18 ÷ 2 =

7 ÷ 7 =

10 ÷ 2 =

14 ÷ 1 =

11 ÷ 1 =

14 ÷ 7 =

10 ÷ 10 =

14 ÷ 7 =

15 ÷ 1 =

10 ÷ 10 =

15 ÷ 5 =

12 ÷ 6 =

12 ÷ 6 =

12 ÷ 6 =

DIVISION

9 ÷ 3 = ...

9 ÷ 9 = ...

16 ÷ 8 = ...

18 ÷ 3 = ...

9 ÷ 9 = ...

10 ÷ 5 = ...

15 ÷ 3 = ...

9 ÷ 9 = ...

14 ÷ 2 = ...

18 ÷ 3 = ...

12 ÷ 6 = ...

10 ÷ 5 = ...

7 ÷ 7 = ...

8 ÷ 4 = ...

10 ÷ 10 = ...

16 ÷ 2 = ...

DIVISION

12 ÷ 3 =

7 ÷ 7 =

19 ÷ 1 =

9 ÷ 3 =

15 ÷ 3 =

9 ÷ 9 =

10 ÷ 5 =

14 ÷ 7 =

18 ÷ 1 =

15 ÷ 5 =

10 ÷ 2 =

9 ÷ 9 =

17 ÷ 1 =

6 ÷ 6 =

20 ÷ 1 =

10 ÷ 10 =

DIVISION

$18 \div 9 =$ ....

$11 \div 11 =$ ....

$0 \div 13 =$ ....

$0 \div 19 =$ ....

$11 \div 11 =$ ....

$19 \div 19 =$ ....

$8 \div 8 =$ ....

$0 \div 11 =$ ....

$12 \div 12 =$ ....

$10 \div 10 =$ ....

$0 \div 19 =$ ....

$11 \div 11 =$ ....

$18 \div 6 =$ ....

$0 \div 17 =$ ....

$18 \div 9 =$ ....

$9 \div 9 =$ ....

DIVISION

$9 \div 9 =$ ....

$11 \div 11 =$ ....

$8 \div 8 =$ ....

$15 \div 15 =$ ....

$18 \div 6 =$ ....

$0 \div 17 =$ ....

$12 \div 12 =$ ....

$14 \div 14 =$ ....

$16 \div 16 =$ ....

$12 \div 6 =$ ....

$0 \div 19 =$ ....

$0 \div 19 =$ ....

$0 \div 20 =$ ....

$0 \div 13 =$ ....

$14 \div 14 =$ ....

$0 \div 19 =$ ....

DIVISION

0 ÷ 16 = ...	0 ÷ 17 = ...
10 ÷ 10 = ...	15 ÷ 5 = ...
7 ÷ 7 = ...	14 ÷ 7 = ...
15 ÷ 5 = ...	14 ÷ 7 = ...
9 ÷ 9 = ...	11 ÷ 11 = ...
14 ÷ 7 = ...	11 ÷ 11 = ...
0 ÷ 15 = ...	13 ÷ 13 = ...
0 ÷ 19 = ...	11 ÷ 11 = ...

DIVISION

$14 \div 7 =$	$8 \div 8 =$
$14 \div 7 =$	$15 \div 15 =$
$15 \div 15 =$	$9 \div 9 =$
$16 \div 16 =$	$15 \div 15 =$
$10 \div 10 =$	$10 \div 10 =$
$10 \div 10 =$	$17 \div 17 =$
$16 \div 8 =$	$18 \div 18 =$
$0 \div 18 =$	$14 \div 14 =$

DIVISION

$12 \div 6 =$ ....

$7 \div 7 =$ ....

$0 \div 15 =$ ....

$17 \div 17 =$ ....

$0 \div 16 =$ ....

$18 \div 18 =$ ....

$14 \div 7 =$ ....

$15 \div 5 =$ ....

$18 \div 18 =$ ....

$14 \div 14 =$ ....

$0 \div 15 =$ ....

$15 \div 15 =$ ....

$8 \div 8 =$ ....

$0 \div 16 =$ ....

$15 \div 5 =$ ....

$0 \div 14 =$ ....

DIVISION

$12 \div 12 =$ ....

$0 \div 18 =$ ....

$12 \div 12 =$ ....

$13 \div 13 =$ ....

$0 \div 17 =$ ....

$10 \div 10 =$ ....

$0 \div 17 =$ ....

$12 \div 12 =$ ....

$0 \div 14 =$ ....

$0 \div 19 =$ ....

$0 \div 16 =$ ....

$9 \div 9 =$ ....

$20 \div 5 =$ ....

$13 \div 13 =$ ....

$7 \div 7 =$ ....

$0 \div 18 =$ ....

DIVISION

39 ÷ 13 = ...

30 ÷ 6 = ...

33 ÷ 11 = ...

30 ÷ 15 = ...

48 ÷ 6 = ...

42 ÷ 14 = ...

34 ÷ 17 = ...

34 ÷ 17 = ...

33 ÷ 11 = ...

16 ÷ 16 = ...

40 ÷ 10 = ...

30 ÷ 10 = ...

16 ÷ 16 = ...

28 ÷ 14 = ...

34 ÷ 17 = ...

42 ÷ 7 = ...

DIVISION

$28 \div 14 =$ .... $\qquad$ $36 \div 9 =$ ....

$10 \div 10 =$ .... $\qquad$ $20 \div 20 =$ ....

$12 \div 12 =$ .... $\qquad$ $34 \div 17 =$ ....

$24 \div 6 =$ .... $\qquad$ $16 \div 16 =$ ....

$12 \div 12 =$ .... $\qquad$ $0 \div 14 =$ ....

$26 \div 13 =$ .... $\qquad$ $40 \div 8 =$ ....

$42 \div 6 =$ .... $\qquad$ $19 \div 19 =$ ....

$8 \div 8 =$ .... $\qquad$ $0 \div 17 =$ ....

DIVISION

40 ÷ 10 = ...

11 ÷ 11 = ...

40 ÷ 10 = ...

30 ÷ 10 = ...

36 ÷ 18 = ...

28 ÷ 14 = ...

0 ÷ 18 = ...

24 ÷ 12 = ...

8 ÷ 8 = ...

14 ÷ 7 = ...

20 ÷ 20 = ...

26 ÷ 13 = ...

21 ÷ 7 = ...

26 ÷ 13 = ...

38 ÷ 19 = ...

36 ÷ 6 = ...

DIVISION

$0 \div 20 =$ ....

$32 \div 16 =$ ....

$40 \div 8 =$ ....

$38 \div 19 =$ ....

$27 \div 9 =$ ....

$40 \div 8 =$ ....

$30 \div 15 =$ ....

$32 \div 16 =$ ....

$0 \div 20 =$ ....

$45 \div 15 =$ ....

$36 \div 9 =$ ....

$39 \div 13 =$ ....

$15 \div 15 =$ ....

$45 \div 9 =$ ....

$30 \div 6 =$ ....

$42 \div 14 =$ ....

DIVISION

19 ÷ 19 = _____

13 ÷ 13 = _____

24 ÷ 8 = _____

45 ÷ 9 = _____

24 ÷ 8 = _____

20 ÷ 20 = _____

40 ÷ 5 = _____

11 ÷ 11 = _____

16 ÷ 16 = _____

36 ÷ 18 = _____

22 ÷ 11 = _____

15 ÷ 15 = _____

18 ÷ 6 = _____

27 ÷ 9 = _____

33 ÷ 11 = _____

15 ÷ 15 = _____

DIVISION

15 ÷ 15 =	15 ÷ 15 =
14 ÷ 7 =	19 ÷ 19 =
28 ÷ 14 =	39 ÷ 13 =
22 ÷ 11 =	19 ÷ 19 =
26 ÷ 13 =	39 ÷ 13 =
36 ÷ 12 =	32 ÷ 16 =
34 ÷ 17 =	15 ÷ 5 =
26 ÷ 13 =	16 ÷ 16 =

DIVISION

$13 \div 13 =$ ....

$48 \div 6 =$ ....

$14 \div 14 =$ ....

$30 \div 15 =$ ....

$24 \div 12 =$ ....

$34 \div 17 =$ ....

$34 \div 17 =$ ....

$24 \div 12 =$ ....

$26 \div 13 =$ ....

$32 \div 8 =$ ....

$32 \div 16 =$ ....

$38 \div 19 =$ ....

$33 \div 11 =$ ....

$33 \div 11 =$ ....

$44 \div 11 =$ ....

$19 \div 19 =$ ....

DIVISION

$16 \div 8 =$ ....

$19 \div 19 =$ ....

$28 \div 14 =$ ....

$35 \div 7 =$ ....

$6 \div 6 =$ ....

$10 \div 10 =$ ....

$28 \div 7 =$ ....

$48 \div 6 =$ ....

$15 \div 15 =$ ....

$25 \div 5 =$ ....

$42 \div 7 =$ ....

$11 \div 11 =$ ....

$35 \div 5 =$ ....

$17 \div 17 =$ ....

$35 \div 7 =$ ....

$36 \div 6 =$ ....

DIVISION

0 ÷ 20 =	24 ÷ 12 =
15 ÷ 15 =	0 ÷ 20 =
14 ÷ 14 =	16 ÷ 16 =
10 ÷ 10 =	44 ÷ 11 =
7 ÷ 7 =	18 ÷ 6 =
12 ÷ 12 =	19 ÷ 19 =
18 ÷ 18 =	24 ÷ 6 =
13 ÷ 13 =	26 ÷ 13 =

DIVISION

$26 \div 13 =$ $11 \div 11 =$

$48 \div 12 =$ $42 \div 7 =$

$28 \div 14 =$ $24 \div 6 =$

$40 \div 10 =$ $0 \div 16 =$

$50 \div 10 =$ $20 \div 10 =$

$36 \div 18 =$ $9 \div 9 =$

$13 \div 13 =$ $18 \div 18 =$

$0 \div 19 =$ $0 \div 15 =$

DIVISION

$16 \div 16 =$ ....

$14 \div 7 =$ ....

$30 \div 15 =$ ....

$27 \div 9 =$ ....

$42 \div 7 =$ ....

$30 \div 10 =$ ....

$10 \div 10 =$ ....

$12 \div 6 =$ ....

$40 \div 10 =$ ....

$16 \div 16 =$ ....

$18 \div 9 =$ ....

$34 \div 17 =$ ....

$33 \div 11 =$ ....

$9 \div 9 =$ ....

$28 \div 14 =$ ....

$22 \div 11 =$ ....

DIVISION

13 ÷ 13 = ...

40 ÷ 5 = ...

20 ÷ 5 = ...

16 ÷ 16 = ...

30 ÷ 15 = ...

12 ÷ 12 = ...

18 ÷ 6 = ...

16 ÷ 16 = ...

10 ÷ 10 = ...

18 ÷ 18 = ...

32 ÷ 16 = ...

30 ÷ 15 = ...

34 ÷ 17 = ...

20 ÷ 20 = ...

8 ÷ 8 = ...

30 ÷ 10 = ...

DIVISION

49 ÷ 7 = ...

15 ÷ 15 = ...

16 ÷ 16 = ...

16 ÷ 16 = ...

11 ÷ 11 = ...

18 ÷ 9 = ...

36 ÷ 6 = ...

18 ÷ 18 = ...

33 ÷ 11 = ...

19 ÷ 19 = ...

32 ÷ 16 = ...

0 ÷ 16 = ...

12 ÷ 6 = ...

0 ÷ 15 = ...

42 ÷ 6 = ...

28 ÷ 14 = ...

DIVISION

27 ÷ 9 =

35 ÷ 7 =

30 ÷ 5 =

18 ÷ 18 =

20 ÷ 20 =

38 ÷ 19 =

8 ÷ 8 =

16 ÷ 8 =

32 ÷ 8 =

17 ÷ 17 =

0 ÷ 14 =

24 ÷ 8 =

11 ÷ 11 =

35 ÷ 7 =

28 ÷ 14 =

42 ÷ 6 =

DIVISION

$34 \div 17 =$ ....

$33 \div 11 =$ ....

$20 \div 10 =$ ....

$15 \div 15 =$ ....

$34 \div 17 =$ ....

$18 \div 18 =$ ....

$8 \div 8 =$ ....

$36 \div 18 =$ ....

$36 \div 18 =$ ....

$16 \div 16 =$ ....

$18 \div 18 =$ ....

$39 \div 13 =$ ....

$14 \div 7 =$ ....

$17 \div 17 =$ ....

$15 \div 15 =$ ....

$16 \div 8 =$ ....

DIVISION

19 ÷ 19 =   40 ÷ 8 =

34 ÷ 17 =   45 ÷ 9 =

17 ÷ 17 =   24 ÷ 6 =

18 ÷ 18 =   19 ÷ 19 =

32 ÷ 16 =   16 ÷ 8 =

15 ÷ 15 =   32 ÷ 16 =

33 ÷ 11 =   0 ÷ 12 =

18 ÷ 18 =   0 ÷ 19 =

DIVISION

45 ÷ 9 = ...

42 ÷ 7 = ...

20 ÷ 10 = ...

14 ÷ 14 = ...

40 ÷ 10 = ...

24 ÷ 6 = ...

11 ÷ 11 = ...

48 ÷ 12 = ...

18 ÷ 6 = ...

45 ÷ 15 = ...

24 ÷ 8 = ...

30 ÷ 10 = ...

36 ÷ 9 = ...

13 ÷ 13 = ...

36 ÷ 12 = ...

45 ÷ 5 = ...

DIVISION

14 ÷ 7 =	12 ÷ 12 =
15 ÷ 15 =	36 ÷ 12 =
36 ÷ 6 =	40 ÷ 8 =
28 ÷ 14 =	36 ÷ 18 =
45 ÷ 9 =	15 ÷ 15 =
19 ÷ 19 =	14 ÷ 14 =
17 ÷ 17 =	0 ÷ 19 =
28 ÷ 14 =	10 ÷ 10 =

DIVISION

48 ÷ 16 = ...   24 ÷ 12 = ...

0 ÷ 15 = ...   33 ÷ 11 = ...

16 ÷ 8 = ...   7 ÷ 7 = ...

26 ÷ 13 = ...   32 ÷ 8 = ...

18 ÷ 18 = ...   11 ÷ 11 = ...

36 ÷ 9 = ...   30 ÷ 15 = ...

39 ÷ 13 = ...   19 ÷ 19 = ...

42 ÷ 7 = ...   39 ÷ 13 = ...

DIVISION

17 ÷ 17 = ...

40 ÷ 8 = ...

30 ÷ 6 = ...

38 ÷ 19 = ...

17 ÷ 17 = ...

14 ÷ 14 = ...

33 ÷ 11 = ...

18 ÷ 18 = ...

10 ÷ 10 = ...

19 ÷ 19 = ...

40 ÷ 8 = ...

0 ÷ 18 = ...

0 ÷ 16 = ...

8 ÷ 8 = ...

30 ÷ 10 = ...

18 ÷ 6 = ...

DIVISION

18 ÷ 18 = _____

12 ÷ 6 = _____

9 ÷ 9 = _____

42 ÷ 14 = _____

14 ÷ 14 = _____

36 ÷ 6 = _____

16 ÷ 16 = _____

24 ÷ 6 = _____

12 ÷ 6 = _____

36 ÷ 18 = _____

33 ÷ 11 = _____

28 ÷ 7 = _____

9 ÷ 9 = _____

35 ÷ 5 = _____

38 ÷ 19 = _____

30 ÷ 10 = _____

DIVISION

34 ÷ 17 = ...

34 ÷ 17 = ...

30 ÷ 15 = ...

49 ÷ 7 = ...

36 ÷ 9 = ...

36 ÷ 9 = ...

32 ÷ 16 = ...

9 ÷ 9 = ...

15 ÷ 15 = ...

38 ÷ 19 = ...

14 ÷ 14 = ...

44 ÷ 11 = ...

32 ÷ 16 = ...

20 ÷ 20 = ...

10 ÷ 5 = ...

18 ÷ 9 = ...

DIVISION

13 ÷ 13 = ...

0 ÷ 13 = ...

0 ÷ 20 = ...

14 ÷ 14 = ...

11 ÷ 11 = ...

48 ÷ 16 = ...

24 ÷ 12 = ...

15 ÷ 5 = ...

40 ÷ 10 = ...

36 ÷ 18 = ...

22 ÷ 11 = ...

18 ÷ 18 = ...

48 ÷ 6 = ...

35 ÷ 7 = ...

20 ÷ 20 = ...

0 ÷ 16 = ...

www.ingramcontent.com/pod-product-compliance
Lightning Source LLC
Chambersburg PA
CBHW080850220526
45467CB00008B/2457